はじめに

平成28年４月の改正農協法の施行に

月を期限としてJA全中が廃止され、10月以降は、負債200億円以上のJAはすべて公認会計士監査を義務づけられることとなりました。

国は、JAが信用・共済事業を代理店化することを意図していますが、その大きな手段として公認会計士監査を利用しているとみられます。

JAが信用・共済事業を代理店化した場合、組合員に従前どおりの金融サービスを提供することができなくなる可能性があるほか、JAの収益の低下と余剰職員が生まれることでJAの事業基盤が弱体化することが懸念されます。

同時に、代理店化した場合には信用・共済事業以外の営農経済事業などの黒字化を実現しなければ、将来的にはJAが破たんすることにもなりかねません。それだけに、JAが信用・共済事業を兼営する総合農協を維持できるかどうかが、当面の重要な課題となっています。

そのためには、まず平成31年度からの公認会計士監査で適正の証明が得られる財務諸表の正確さと内部統制の実現が喫緊の課題となります。さらに金融庁検査への対応上、ガバナンス、内部統制、資産査定などの態勢整備が不可欠な状況にあります。

残されている時間は、あとわずか２年程度とみられます。JA の全役職員が自覚をもって迅速に取り組まなければ、その時点で総合農協から代理店に移行せざるをえないことを肝に銘じて取り組むことが求められています。

この Q&A は、JA の役職員に公認会計士監査の意義を理解していただくことを目的として作成しました。組合員の負託に応えられる JA づくりを目指している現場の取組みに少しでも役に立つことを願っています。

平成29年３月

JA 監査研究会

目　次

I　公認会計士監査とは

Q1　公認会計士監査の目的は何ですか

A　公認会計士監査の目的は、独立した第三者として企業等の財務情報について、適正に表示されていることを利害関係人に対して証明することにあります。特に近年は、企業の国境を越えた活動が大きく広がるなかで、国際会計基準の導入が進められており、財務諸表の正確性が大きく問われています。

公認会計士監査は、企業等の財務諸表が適正であることを利害関係人などに証明するもので、きわめて重要な役割を果たしています。

公認会計士監査の種類には大きく分けて、①法定監査と②法定監査以外の法令に基づかない監査などがあります。

法定監査は、会社法に基づく監査と金融商品取引法に基づく監査、信金法・信組法に基づく監査等があります。法定監査以外の会社等でも任意で公認会計士監査を受けることができます。

Q2 公認会計士監査の対象はどのような法人ですか

A 金融商品取引法に基づく監査は、投資家保護の観点から銀行等の金融機関や上場会社が義務づけられています。会社法に基づく監査は、大会社すなわち資本金５億円以上または負債200億円以上の会社に義務づけられています。

なお、信金、信組等も個別の信金法、中小企業等協同組合法（信用組合など）に基づき会社法を準用した会計監査人（公認会計士）監査が義務づけられています。

> 参考：信金、信組における会計監査人設置義務の対象
> ① 信用金庫　預金総額等が200億円以上
> ② 中小企業等協同組合（信用組合）　預金等総額が200億円以上かつ員外預金比率10％以上（労働金庫も同じ）

金融商品取引法で公認会計士監査が義務づけられているのは、銀行、証券会社、その他の上場会社ですが、その他特別法で団体、組合、法人、事業体にも公認会計士監査が義務づけられています。

なお、非上場会社でも会社法により資本金が５億円以上または負債200億円以上の会社は、公認会計士監査が義務づけられています。（会社法第328条２項、第２条６号）

Q3 公認会計士制度とはどのようなものですか

A-1 公認会計士制度は、1948年（昭和23年）の公認会計士法の成立により始まっています。1951年（昭和26年）から証券取引法に基づき、公認会計士による上場企業の監査が開始され、1974年（昭和49年）には商法に基づく公認会計士監査が開始されています。

さらに、1998年（平成10年）には監査事務所へのレビュー制度（日本公認会計士協会による）がスタートし、いわゆる「会計ビックバン」により連結財務諸表、税効果会計や退職給付会計、金融商品などにかかる会計基準が導入されました。

また、2003年（平成15年）には、公認会計士法の改正により、公認会計士の独立性や監視・監督体制の強化、有限責任監査法人制度（監査法人社員の責任の一部限定）の措置などが講じられています。

この間、監査法人自体も上場企業の不正経理の見逃しなどにより、金融庁から監査法人の解散もしくは業務停止命令を受ける事例が生じています。

参考：業務停止命令事例

2001年　エンロン破綻とアンダーセン会計事務所（2002年解散）
2004年　カネボウ粉飾と中央青山監査法人（2007年業務停止処分、解散）
2006年　ライブドア事件と港陽監査法人（2006年自主解散）
2011年　大王製紙と有限責任監査法人トーマツ、オリンパスと有

	限責任あずさ監査法人・新日本有限責任監査法人
2016年	東芝の財務書類の重大な虚偽表示の見落としと新日本有限責任監査法人の契約の新規締結に関する業務停止命令（３ヶ月間）・業務改善命令（21億円の課徴金納付命令への審判開始）

A-2 監査法人とは、他人の求めに応じて報酬を得て財務書類の監査または証明を組織的に行うことを目的として、公認会計士５人以上が共同して設立した法人です。また、原則として公認会計士を社員とし、公認会計士以外の社員の割合は25％以下と定められています。

監査法人には、法人に出資して社員として監査法人の重要事項の決定に参加資格を持つ公認会計士のほかに、従業員として法人と雇用契約を結ぶ公認会計士がいます。このほかに公認会計士でない社員および従業員がいます。

Q4 公認会計士の役割と賠償責任はどうなっていますか

A 公認会計士は、企業活動を進めるうえで前提となるきわめて重要な役割を有しています。それは企業の財務諸表が適正であることを証明し、ステークホールダー（利害関係者）に財務内容の正確性を担保するというものです。他方、不正などを見逃した場合には、株主による賠償責任を負うことから、その責任はきわめて重くなっています。

公認会計士は、無限責任のため賠償責任が重いことから、監査法人の責任を有限にする法改正が行われ、有限責任監査法人を設立できるようになっています。

監査法人は、任務を誠実に行わなかったこと（任務懈怠）による損害賠償義務を負います。無限責任ではありませんが、通常と異なり、無過失であることを証明する責任は公認会計士にあります（無限責任の転換）。その損害賠償責任は、監査法人が弁済し、それができないときは社員である公認会計士が負います。（有限責任監査法人では、業務執行責任役員は無限責任を負い、一般の社員の責任は出資金が上限とされています。）

公認会計士の業務は、①財務諸表監査（独占業務）、②会計業務、③税務業務、④経営コンサル業務です。

公認会計士は、平成28年12月末現在２万9,303人、監査法人（公認会計士５人以上）は220法人となっています。

Q5 会計監査人の選任はどのように行われますか

A 公認会計士監査を希望する会社（JA）は、基本的に監事が会計監査人の選定にあたります。公認会計士は、監査契約を行う前に、監査証明ができるかどうかを判定するための「事前レビュー」を行います。（公認会計士は、「事前レビュー」で証明ができないと判断した場合には監査契約を行いません。）

「事前レビュー」は、必ず行うことが日本公認会計士協会により義務づけられており、これを行わないで監査を実施した場合には、その公認会計士は責任を問われることになります。

会計監査人を選任する流れは、

①事前レビュー ⇒ ②期首在庫等の確認 ⇒ ③翌年度の総会（総代会） になります。

なお、会計監査人の選任の総会（総代会）への提案は、JAの理事会ではなく、監事が行うことになります。

Q6 公認会計士の監査報酬はどうなりますか

A 公認会計士の監査報酬は、日本公認会計士協会のガイドラインにより定められています。その考え方は、被監査会社に公認会計士が提供したサービスの対価に相応する金額を、実際に使用した時間等をもとにするというものです。

具体的には、①監査報酬をタイムチャージ方式で算出する方法と②監査報酬を基本報酬と執務報酬に区分して算出する方法が示されています。後者の場合、基本報酬の金額を決定する方法として資本金区分、資産区分、執務時間別により算出する方法があります。

一般的には、公認会計士の報酬は１日当たり１人10万円程度になります。報酬には、被監査会社における監査従事期間のほか、監査計画の立案、事務所内の監査意見の審議、監査調書の整理・作成、保管など監査の着手から終了までのすべての所要時間が含まれます。このため、被監査会社での監査従事期間が延びると、それだけ監査報酬も高くなります。

Q7 信金・信組・労金の監査報酬はどれくらいですか

A 平成25年度の信金、信組の監査時間数は、1金庫・組合当たり942時間、監査報酬は、1,047万円となっています。

預金総額等の区分別にみた平均監査報酬は、次表の通りです。

預金等総額	平均監査報酬	最低額～最高額
2,000億円未満	677万円	270万円～1,500万円
2,000～4,000億円	925万円	600万円～2,000万円
4,000～6,000億円	1,181万円	660万円～2,300万円
6,000～1兆円未満	1,330万円	850万円～2,050万円
1兆円以上	2,336万円	800万円～2億579万円

全体として預金等総額区分が上がるにつれて監査報酬は上がるものの、同じ規模でも内部統制などの差異で、金額に大きな差が認められます。

Q8 監査報酬の差はどこに起因しますか

A 個別取引の正確性、帳票書類の整備などや会計基準の適正な運用、IT 統制など内部統制の整備・運用が確保できていれば、監査報酬は低く抑えられますが、そうでない場合はきわめて高額になります。

JA の場合は、信金、信組などと異なり、営農経済・生活事業など事業が多種類にわたることから、監査の工数・日数などが長くなる可能性があります。

Q9 一般の会社と金融機関とで監査の差異はありますか

A 日本公認会計士協会の重要な業務のなかに、公認会計士監査の品質管理があります。一般の事業会社と異なり、金融機関に対する監査（金融商品取引法による）では、品質管理として事後に厳しいレビューを日本公認会計士協会が実施することから、公認会計士にとってその負担がきわめて大きなものとなっています。

JA の信用事業も同様に、日本公認会計士協会による監査プロセスに基づく厳しいレビューが行われることに留意することが必要です。

Q10 公認会計士の監査意見にはどのようなものがありますか

A 公認会計士の監査意見には次の4種類があります。

①無限定適正意見

一般に公正妥当とみられる企業会計の基準にしたがって、JA の財務状況が「すべての重要な点において適正に表示している」旨、監査報告書に記載。

②限定付適正意見

一部に不適切な事項はあるが、それが財務諸表等全体に対してそれほど重要性がないと考えられる場合には、その不適切な事項を記載して、JA の財務状況は「その事項を除き、すべての重要な点において適正に表示している」旨、監査報告書に記載。

③不適正意見

不適正な事項が発見され、それが財務諸表全体に重要な影響を与える場合には不適正である理由を記載して、JA の財務状況を「適正に表示していない」と監査報告書に記載。

④意見不表明

重要な監査手続きが実施できず、そのため十分な監査証拠が入手できない場合で、その影響が財務諸表に対する意見表明ができないほどに重要と判断した場合には、JA の財務状況を適正に表示しているかどうかの意見表明をしない旨とその理由を監査報告書に記載。

公認会計士の意見が①または②の場合、公認会計士は「決算書が正しい」ことを保証します。一方、③または④の場合は、「決算書が正しいとはいえない」ため、公認会計士の適正の証明は得られません。

> 参考：公認会計士が財務諸表について適正としたものの呼称は金融商品取引法（金商法）の監査意見では「適正意見」、商法では「適法意見」と呼ばれます。

Q11 公認会計士監査で「適正」の証明が得られない場合はどうなりますか

A JAが公認会計士から「適正」の証明が得られない場合には、信用事業を継続できなくなりますので、信用事業を信連または農林中金に事業譲渡して信連または中金の代理店になるか、信用事業を廃止するかのどちらかを選択することになるとみられます。

Ⅱ 公認会計士監査導入の背景

Q12 JAの監査の証明は、今後、どうなりますか

A 改正農協法（以下、新農協法）の施行により、現在のJA全中は平成31年度9月末までに廃止することが決定されました。同時に、JA全国監査機構監査も廃止されることになります。これにより、平成31年度からのJAの監査は、公認会計士監査に移行しなければならないことになりました。

なお、平成31年9月までは全中監査機構監査と公認会計士監査のいずれかをJAが選択する仕組みとなりました。

Q13 なぜ公認会計士監査の導入が義務づけられたのですか

A 全国中央会を廃止することにともなって、公認会計士監査が義務づけられることになりました。公認会計士監査の導入の背景としては、規制改革推進会議の「規制改革推進のための3か年計画」（再改定）（平成21年3月31日閣議決定）のなかで「農協経営の透明化・健全化について」の指摘があげられます。

具体的には、「一般の金融機関では金融事業以外の事業が

禁止されているなかで、農協は金融事業以外の経済事業や共済事業が認められている」「員外取引が認められており、金融サービスのみ利用する者がいる」として、貯金者保護の観点から信用事業を行う農協について各事業別の情報開示の促進など、次のような信用事業の健全化に向けた措置を指摘されました。

①事業別の情報開示の徹底

事業別の損益だけでなく、事業別の資産の情報開示の定着が必要である。(貸借対照表で固定資産等が共通の資産として計上されており、区分されていない。)

②貯金者保護に向けた情報開示の充実と金融庁検査の実施

自己資本比率について銀行と農協の算出の違いを明確にする情報開示を行う。農協に対して金融機能の安定、貯金者保護などを所管する金融庁の検査が行われていないことから、都道府県知事が要請する三者要請検査（都道府県、農水省、金融庁）を検討する。

さらに平成22年４月の「規制改革会議農業ワーキング・グループ」の会合では、事務局である内閣府から、「全中監査機構は第三者としての独立性がなく、他の金融機関とのイコール・フッテイングを図るうえから金融庁検査が必要である」との説明があげられています。

参考：「規制改革会議農業ワーキング・グループ」

（H22.4事務局資料より抜粋）

- JA の規模が非常に大きくなっていることや准組合員のように一つの金融機関として利用する人も多いことから、ほかの金融機関との平仄（イーコール・フッテイング）を図るガバナンスが必要。
- 第三者の視点での監査が必要であり、JA 全中の中の組織としての JA 全国監査機構は、独立した機関とはいえない。
- 方向として金融庁検査に移行し、現行の都道府県知事の検査、監査システムの規定を廃止し、銀行・信金等と同頻度の検査を行う。
- 農協監査士制度ではない、公認会計士監査または監査法人監査を義務づける。（これらをふまえて、平成23年度から三者要請検査が実施されています。）

Q14 農協法改正での公認会計士監査導入に関する論議とその取扱いはどのようになっていますか

A 農協法改正で、公認会計士監査の導入に関して論議になった点は、①公認会計士あるいは監査法人が大都市に集中していることから、監査を受けられない JA が出るのではないか、②監査報酬が大幅に増額された場合、JA で支払えるのか、③現在の農協監査士の取扱いをどうするか、などでした。

また、農協改革にかかる与党の論議で、監査報酬は現在の中央会賦課金が上限ではないか等の指摘があったようです。以上の論議をふまえて、新農協法では次のように規定されました。しかし、実際には「配慮」は長期的にはむずかしい面があるのではないかとみられます。

参考：平成27年９月法律第63号附則第50条　抄

①政府は全国農業協同組合中央会の監査から会計監査人の監査への移行に関し、次に掲げる事項について適切な配慮をするものとする。

１　全国農業協同組合中央会において組合に対する監査の業務に従事していた公認会計士または監査法人が、円滑に組合に対する監査の業務を移行期間の満了の日までの間に開始し、及びこれを運営することができること。

２　会計監査人の監査を受けなければならない組合（会計監査人設置組合）が会計監査人を確実に選任できること。

３　会計監査人設置組合の実質的な負担が増加することがないこと。

４　農業協同組合監査士に選任されていた者が組合に対する監査の業務に従事することができること。

５　農業協同組合監査士に選任されていた者が公認会計士試験に合格した者である場合には、農業協同組合監査士としての実務の経験等を考慮され、円滑に公認会計士となることができること。

②政府は、全国農業協同組合中央会の監査から会計監査人の監査への円滑な移行を図るため、農林水産省、金融庁その他の関係行政機関、日本公認会計士協会及び全国農業協同組合中央会による協議の場を設けるものとする。

Q15　公認会計士監査の導入義務で何が変わりますか

A　公認会計士監査の導入により、信用事業を行なう組合（貯金等200億円以上）と連合会（負債200億円以上）について、金融庁の検査が行われることになります。

三者要請検査を例にとると、検査は、①経営管理（ガバナンス）態勢、②法令等順守態勢、③信用リスク管理態勢、④資産査定管理態勢、⑤金融円滑化の５点から行われています。また、金融庁の検査マニュアルでは、①経営管理（ガバナンス）、②金融円滑化、③リスク管理などの観点が示されています。

金融庁検査では、重要なリスクに焦点をあて本質的な改善につながる原因の分析・解明、問題点の指摘による適切な取組みの評価、検証、指摘の根拠の明示、改善を検討すべき事項の明確化、経営陣との対話、論議を通じて検証結果に対する理解を得るとしています。

平成23年度から実施されている三者要請検査では、次のような事例が指摘されており、これらが検査のポイントになるとみられます。

Ⅰ．経営管理（ガバナンス）態勢

１．代表理事、理事及び理事会によるガバナンス体制の整備・確立状況

・理事・代表理事の役割責任　理事長が発覚した不祥事件について風評リスクの発生を懸念して、理事会に報告せず、事実関係の調査や対応策の検討などの指示をしていない。

２．内部監査態勢の整備・確立状況

①理事会および理事会等による内部監査態勢の整備・確立

・内部監査部門の態勢整備　理事会が内部監査の指摘事項について、発生の原因・背景について審議しておらず、同様の指摘が多数の支店で繰り返されている。（原因・背景等の分析、報告指示をしていない。）

②内部監査部門の役割・責任

・内部監査部門が複数の支店での指摘事項について指導部署への協議等改善に向けた対応を行っていない。（役席者は、渉外担当者が作成する訪問予定表や渉外日報を用いて、集金状況を確認することとされているにもかかわらず予定表や日報が作成されていない。）

Ⅱ．法令等順守態勢

1．反社会的勢力に対応する方針、コンプライアンス・マニュアル等の整備、周知が適切かつ十分に行われていない。

2．コンプライアンス統括部門が新規取引時等の支店における反社会的勢力に係るデータベースとの照合に関する事務フローを定めておらず、支店において照合を漏れなく実施する方法を検討していない。

3．経営陣による法令順守態勢の整備・確立状況

①コンプライアンス担当理事およびコンプライアンス

統括部門が、反社会的勢力との取引の排除に関し必要な対応を行っていない。

②代表理事組合長が常例検査で指摘され、不祥事再発防止のためのコンプライアンス委員会を設置したものの、委員会の機能をどう強化するのか、十分に検討していない。

③経営管理部門が不祥事の再発防止計画の進捗管理を行っておらず、理事会も同部門に対して計画の進捗管理を適切に行うよう指示していない。

4．管理者による法令順守態勢の整備・確立状況

①コンプライアンス統括部門の役割・責任

1）コンプライアンス統括部門が集金業務に係る不祥事件の未然防止の取組みについて、取組み状況を把握していない。（統括部門は支店に対して研修会等で指示のみにとどまっている。支店長が延滞事案について集金担当者以外の職員に対して指示すべきであるものが、集金担当者に対して指示を行っている。延滞理由の確認結果の報告を受けないまま放置している。）

2）コンプライアンス統括部門が集金業務に係る不祥事件再発防止策として、支店管理者に渉外担当者とともに定期積金の長期延滞者に対する訪問を行わせたうえで面談記録を作成・提出させているが、その面談記録の内容を確認していない。

Ⅲ．信用リスク管理態勢

1．理事会が問題債権の処理方針について、債務者の実態に即したものとなっているかどうかの検討を行っていない。

2．審査部門担当理事が手形貸付の限度枠の更新に係る審査について、審査部門に対して資金の必要性の確認等の具体的な審査手法を検討するよう指示していない。

3．審査部門の役割・責任　審査部門が賃貸住宅向けの資金の貸出について、築年数に応じて入居率が低下する傾向や修繕費が必要である等の賃貸住宅物件の特性や一括借上契約の特性を十分に検討していない等、事業計画の妥当性や返済能力を適切に審査していない。

4．与信管理部門が農業信用基金協会から付された保証条件について、履行状況を管理する方法を定めていないため、保証条件が履行されていない事例（相続にともなう根抵当物件の所有権移転登記、共同担保物件に追加等）がみられる。

5．与信管理部門が支店に対して手形貸付に係る取扱要領の周知徹底を図っておらず、支店において実質債務超過状態にある大口債務者の実態把握を行わないまま手形貸付の更新に応じている。

6．与信管理部門が支店に対してカードローンの契約更新手続きの周知徹底を図っておらず、支店で債務者の信用状況を検証しないままJAカードローンの契約更新を行っている。

7．与信管理部門が支店に対して貸出に係る事務取扱要領の周知徹底を図っておらず、支店において当座貸越の更新時に審査を行っていない。

8．与信管理部門が組合員無資格者に対する貸出事案について、支店に解約等の対応を行うよう指示文書を出すにとどまり、支店ごとの取組み実態をふまえた指導を行っていない。（農業信用基金協会の代位弁済が免責される可能性のある組合員無資格者に対するJAカードローンおよび営農ローンの事例）

9．与信管理部門が具体的な債務者管理の方法を定めておらず、支店において賃貸住宅ローン等について入居率や入金状況の確認を行っていない。（支店まかせ）

10．与信管理部門が問題債権の管理について、債務者との交渉記録を残す仕組みを整備していない。

11．信用集中リスクの管理

①理事会が与信集中リスクについて、具体的な管理方法を定めておらず、貸出金の大部分を占めている賃貸住宅ローン等について与信管理部門にその残高や貸出金に占める割合等を把握・管理させ、定期的に理事会に報告させる態勢を整備していない。

②与信管理部門が大口与信管理に際し、支店に対して法人とその代表者等を実質同一債務者として名寄せを行うこととする取扱いについて周知徹底を図っていな

い。

③与信管理部門が総貸出に占める賃貸住宅向けの貸出割合が高まっているなかで、信用集中リスクを適切に管理していない。（賃貸住宅向け貸出に区分した残高動向等を把握・管理し、クレジット・リミットの必要性を検討するなどの管理をしていない。）

Ⅳ．資産査定管理態勢

1．経営陣による資産管理態勢の整備・確立状況

①内部監査部門が自己査定結果についての内部監査を実施しておらず、当該事実を承知している理事会も改善の指示をしていない。

②理事会が常例検査の指摘に対する対応を資産査定管理部門任せにし、改善状況の把握を行っていない。（債務者区分の判定など資産査定管理部門が支店に対して改善に取り組むよう文書を出すにとどまり、債務者の実態把握に係る指導を徹底していない。債務者の財務状況等が十分に把握されないまま、債務者区分の判定が行われている。）

2．管理者による組織体制の整備

①資産査定管理部門が支店に対して、賃貸住宅経営におけるキャッシング・フローの算定方法を指示していないため、支店でキャッシュ・フローによる債務者の弁済能力の検証を行っておらず、表面的な延滞の有無に重点を置いて債務者区分の判定を行っている。

②資産査定管理部門が一次査定結果の妥当性を判断するに当たり、延滞月数の検証を行うにとどまり、債務者の経営状況等を把握するために支店が作成しているチェックシートの検証を十分に行わないまま、一次査定結果を承認している。

③資産査定部門が支店に対して、債務者の実態把握や財務分析に係る具体的な方法を指示しておらず、支店において管理会社と一括借上契約を締結している不動産賃貸物件に係る貸出案件について、当該物件の入居状況を把握していない。（中途解約等のリスクがあるにもかかわらず、貸出金の返済に延滞が発生していないこと、家賃収入に保証が付されていることからリスクは少ないとして当該物件の入居状況を把握していない。）

④資産査定管理部門が支店に対して金融円滑化の対応（貸出条件の変更）を行った債務者について、債務者の実情を勘案することなく、一律に正常先とする誤った指示を行っている。

⑤資産査定管理部門が一次査定部署である支店に対して、債務者の償還能力の把握に関する具体的な方法を示していないため、債務者の償還能力を適切に把握していない。

3．自己査定結果の正確性

①資産査定管理部門が延滞の発生していない債務者について、二次査定で検証する必要がないとの誤った判

断により、支店で正常先とされている債務者について、一次査定の内容の検証を行っていない。

②資産査定管理部門が二次査定において、条件変更や延滞の有無に基づく形式的な検証を行うことにとどまっている。（実質延滞等の状況について、適切な実態把握が行われていない事例や債務者が死亡しているにもかかわらず生前の所得により収支の判定が行われている事例がある。）

③資産管理部門が「その他資産」について、未収収益や前払い費用等の資産査定を実施しておらず、未収収益の一部について、貸出金等の債務者との名寄せにより分類資産とすべきであるにもかかわらず非分類としている。

④資産査定管理部門が責任財産限定特約付きの信託銀行の信託勘定への貸出案件について、同勘定の運用資産にはクレジット・デフォルト・スワップが組み込まれており、その信用リスクをJAが負うという特性をふまえた査定が行われていない。

⑤資産査定管理部門が臨店指導の際に各支店で認められた問題点（他行借入れや実質同一債務者の把握が徹底されていないなど）について、個別に対応するにとどまり、問題点の抜本的な改善に向けた対応を行っていない。（債務者区分の判定で他行借入に対する返済額を債務者償還額に含めていないなどの事例がある。）

Q16 中央会の賦課金はどうなりますか

A 中央会の賦課金は、都道府県農協中央会とJA全中に対するもので、賦課金割合はJAと連合会でほぼ半々となっています。

・JAの賦課金の行方

JA全中は、平成31年9月末までに廃止されることが法定されており、廃止後は一般社団法人になることが想定されています。都道府県農協中央会も連合会に移行するものとされていますが、名称は従来の○○県農業協同組合中央会の名称を使用することが継続して認められるとみられます。JA全中については一般社団法人のため、賦課金は会費にかわるとみられます。

従来の賦課金は、一般社団法人JA全中会費と都道府県農協中央会への会費または賦課金にかわるとみられ、全面的な事業への移行は検討されていない模様です。

また、賦課金のうち、全中監査機構の監査証明に関わる部分は、JAが選択した会計監査人への監査報酬にかわります。従来の賦課金は、規模等に従う定額でしたが、監査報酬は公認会計士との契約になり、JAのガバナンスや法令等順守、内部統制、信用リスク管理、資産査定管理などの態勢の整備・運用状況により大きく変わることになります。

つまり、監査報酬は賦課金のように負担能力に応じたものではなく、JAごとの財務諸表の正確さや内部統制の整備・

運用状況などにより必要な監査工数に比例するものへと大きく変わります。

> 参考：都道府県農協中央会については、法律上、非出資の連合会に移行するので、通常の事業を行う団体に移行することは、想定されていないとみられます。今後も賦課金という名称で会費的に業務運営費を確保するとみられます。

Q17 全中監査機構と公認会計士監査との違いは何ですか

A 全中監査機構は旧農協法の下で、中央会にJAの証明監査の権限を与えていましたが、全中の廃止によって平成31年9月以降は権限が認められなくなります。

全中監査機構と公認会計士監査の違いは、次のとおりです。

①独立性の差

全中監査機構は、JAグループの内部組織で独立性が弱いとみられます。一方、公認会計士監査は独立性が担保されています。

②業務内容の差異

全中監査機構は、JAの監査証明のほか、業務監査などを行っていましたが、公認会計士監査は、財務諸表が適正かどうかを証明するのみで、業務監査、コンサル業務は同時に行えません。

③監査報酬

全中監査機構は、監査報酬ではなく中央会の賦課金の一部としてJAの規模などに応じて徴収していました。また、基本的には定額です。

一方、公認会計士監査では、監査報酬はJAの規模、負担能力に関わりなく、内部統制の整備・運用状況に応じた必要な監査工数によって算出された金額になります。

④監督官庁などによる検査の有無

JA全中は農水省検査が行われてきました。新たに設立される全中監査機構から移行する監査法人は、4大監査法人に次ぐ準大手監査法人の規模になることから、毎年、金融庁検査や公認会計士協会のレビューが行われるとみられます。このほか、信用事業を行っているJAの監査には、日本公認会計士協会による品質管理の一環として、監査法人による監査調書に対するレビューが行われます。

Q18 新農協法により全中監査機構にかわる新たな監査法人はどのようになりますか

A 新農協法で中央会監査制度から会計監査人制度への移行に際しての配慮事項が定められています。現在、配慮規定により設けられた4者協議（農水省、金融庁、日本公認会計士協会、JA全中）が進められており、その結果如何によるものとみられます。

中央会は、基本的にすべてのJAが、全中監査機構にいる公認会計士が設立する新たな監査法人(農協監査士が従事する)で監査証明を受けることを期待しているとみられます。

いまのところ、農水省から認められている農業関係施設の減損の取扱いについては、引き続き認められる可能性が高いとみられます。また、新たな監査法人で農協監査士が従事することは認められるとみられ、中央会からの出向が認められる模様です。監査報酬は、農水省がJAの実態調査を進めており、その結果をふまえて決められるのではないかとみられます。

なお、他の監査法人と異なり、監査従事者のうち農協監査士の割合がきわめて高くなることについては、当面、経過措置とし中長期的には公認会計士に切り替わることが期待されているようです。

Ⅲ 総合農協か、専門農協か、問われる選択

Q19 農協の信用事業の代理店化の狙いはどこにありますか

A 新農協法では、リスクのある信用事業を信連または中金に譲渡し、農業所得の増大にJAが資源を集中することが求められています。

平成26年6月の「農林水産業・地域の活力創造プラン」（農林水産業・地域の活力創造本部：安倍首相、官房長官、関係閣僚で構成）では、「農業者、特に担い手からみて、農協が農業者の所得向上に向けた経済活動を積極的に行える組織となると思える改革とすることが必須」であるとし、農協は農産物の有利販売と生産資材の有利調達に最重点を置いた事業運営を行うべきとされました。

このため、農林中金・信連・全共連は、単位農協の金融事業の負担を軽くする事業方式を提供することとし、特に農林中金・信連は、単位農協から農林中金・信連へ事業譲渡を行い、単位農協に農林中金・信連の支店・代理店を設置する場合の事業の方策および単位農協に支払う手数料等の水準（単位農協が自ら信用事業を行う場合の収益を考慮して設定すること）を早急に示すこととされました。

具体的には、「系統金融機関向けの総合的監督指針」(平成28年4月29日)において、金融面における自己改革の実行として、「農協が農産物の有利販売や生産資材の有利調達に最重点を置いて事業運営を行えるようにするためには、地域における金融サービスを維持しつつ、単位農協の経営における金融事業の負担やリスクを極力軽くし、人的資源等を経済事業にシフトできるようにすることが必要であり、このため系統機関は、代理店方式の活用を積極的に進める」こととされました。

さらに政府は、JAの准組合員の利用規制を新農協法施行後5年後に調査のうえ、行うとみられることから、組合員の利用規制の面からも代理店化を進めるものとみられます。

しかしながら、JAの事業収支は、大半のJAで信用事業と共済事業の収益に依存しており、営農経済事業の赤字を補てんしている状況にあります。それだけに信用事業の収益が大幅に低下した場合、中長期的にみてJA自体の維持が困難になることが予想されます。

参考:「農協の農業者の協同組織としての性格を損なわないようにするため、准組合員の事業利用について、正組合員の事業利用との関係で一定のルールを導入する方向で検討する。」(「農協・農業委員会等に関する改革の推進について」自由民主党農林水産戦略調査会・農林部会、農業委員会・農業生産法人に関する検討PT、新農政における農協の役割に関する検討PT、公明党農林水産部会からの抜粋)

Q20 信用事業譲渡とはどういうことですか

A 信用事業譲渡とは、信連または中金に貯金・貸出金を譲渡し、為替・自動振替等の契約を移管することです。信用事業譲渡には、代理店になる場合と信用事業を廃止する場合があります。信用事業を譲渡した場合には、総合農協から専門農協に変わることになります。

規制改革推進会議農業ワーキング・グループは、平成31年5月までに半数のJAが代理店になるよう要求していました。
(「規制改革推進会議農業ワーキング・グループ「農協改革に関する意見」平成28年11月11日」)

Q21 銀行代理店（信用事業の代理店）とはどのようなものですか

A 銀行代理業制度は平成18年に創設され、その目的は利用者の金融サービスに対するアクセスの確保・向上と金融機関の多様な販売チャンネルの効率的活用を図り、幅広い形態での銀行代理業への参入を行うことでした。

銀行代理業は、銀行（JAグループでは、中金または信連）のための①預金又は定期積金の受入れ、②資金の貸付等を内容とする契約の締結の代理又は媒介、③為替取引を内容とする契約の締結の代理又は媒介のいずれかを行う営業のことです。

銀行代理業は、預金の受入れのほか、預金担保の貸付などに業務が限定され、融資担当者による裁量の余地がないものや住宅ローンなど規格化された貸付商品しか扱えません。

すでに漁協では、平成２年の「水産業協同組合法」の改正で信漁連への譲渡が開始されており、その際の業務は①組合員の預貯金又は定期積金の受入れ、②貯金担保の貸付のみとなっています。

Q22 代理店化を選択した漁協の経営はどうなっていますか

A JF マリンバンク（漁協、水産加工協同組合、信漁連および農林中金で構成）の方針では、事業譲渡した漁協で信用事業担当職員が３名以上の体制のある漁協に代理業を委託できるとされています。代理店手数料は、貯金に対して0.36％前後の手数料（平成25年当時）とされている模様で、代理店になった漁協は、信用事業担当職員の人件費も賄えないことから、信用事業の体制が大幅に弱体化している模様です。

このため、JF マリンバンクの方針としては、代理店ではなく信漁連の支店･出張所を漁協に置く方針となっています。

事業譲渡し、代理店になった漁協は、信用事業を兼営している漁協に比して、大幅に収益が減少し経営が悪化しているとみられます。

Q23 代理店の枠組みはどのようになりますか

A 信用事業の譲渡とは、連合会（中金又は信連）に貯金・貸出金への譲渡と為替・自動振替等の契約を移管することです。JA は連合会と業務委託契約を締結し、各店舗において連合会の業務の代理を行うことはできます。

仮に信連または農林中金が貸出の譲渡を受ける際に破たん懸念その他問題のあるものは、当然のこととして連合会で譲渡を受けることができないことから、JA での処理が必要になるとみられます。

代理店の枠組みは、JA の「貸出」方法の違いにより３つのタイプ（次表 A～C）が検討されている模様です。

①貯金、為替はすべて代理店業務となる。【共通】
②「貸出」方法による違い
A. 代理店による取次ぎのみ（連合会直接取引）
B. 代理店業務は、貯金担保貸出と総合口座貸越で、それ以外はすべて代理店による取次ぎ（連合会直接取引）
C. 代理店業務は、貯金担保貸出と総合口座貸越、要綱・制度資金の一次審査、プロパー農業資金、農住資金等は相談窓口のみの代理店（あとは連合会業務）
注）大規模農家向けの貸出は連合会直接取引で代理店による取次ぎになるとみられます。

なお、農協法などで貯金業務のみの譲渡が可能であるもの

の、基本的に貸出金もすべて譲渡することが代理店の要件になるとみられます。JA に存置できる可能性のある貸出金は、劣後ローン、職員厚生貸付金、直接償却済みの貸出金などに限られるとみられます。

代理店の手数料は、すでに代理店になっている JA の事例では、貯金で平残の0. ○○%、貸出金手数料は、住宅ローン、アパートローンなど種類別に設定されている模様です。今後の枠組みは、検討中の模様で変更も検討されているようです。

Q24 代理店化した場合、JA はどう変わりますか

A-1 総合農協から専門農協へ

信用事業譲渡により JA から信用事業はなくなることから、JA の代理店化は総合農協から専門農協にかわることを意味します。また代理店になった場合、△△信連（または中金事業承継会社）の△△代理店という名称になり、JA の名前もなくなるとみられます。

A-2 JA の信用事業に関わる本部・管理機構の廃止と余剰職員の表面化

代理店になった場合、JA の商品・推進企画、店舗実績管理、事務指導、リスク管理、貸出審査、業務監査等の本店の業務は、連合会へ移管されるため、JA の本店などから金融部などの名称はなくなります。同時に担当していた職員が不要になることから、余剰職員が生まれ、他部門への異動やリスト

ラなどが必要になるとみられます。また、代理店業務はJAにとってリスクのない業務となることからJAの収益は大きく減少することが予想されます。

参考：信用事業の譲渡を受ける信連または中金（事業承継会社）は、親銀行として代理店の監査行いますが、代理店であるJA自身も代理業者として内部統制を行うことが求められるとみられます。

A-3 組合員情報の取扱いが課題

JAが総合事業を営んでいる場合には、組合員からの個人情報の同意を得ることにより各事業で利用できますが、代理店になった場合に、JAが取得した情報は事業譲渡を受けた信連（または中金）の個人情報となり、JAの他事業での利用には改めて組合員の同意の取直しが必要となります。

したがって、代理店になった場合、個人情報の取扱いに制約が加わる可能性が高いとみられます。

Q25 代理店化のメリットとデメリットは何ですか

A-1 メリット

1. 自己資本比率、財務基盤、業務の執行体制（役員の責任など）、JAバンク基本方針の順守が求められなくて済むとみられます。ただし、代理店には、別途の不祥事対策を含む内部統制が求められるとみられます。
2. 貯金がなくなるため、新農協法上の公認会計士監査が不要になります。JA が代理店になる場合、信連または中金からの内部統制等の基準が示されるものとみられます。

3．信用事業にかかる員外利用の規制はなくなるほか、准組合員の利用規制も問われないとみられます。（ただし、信連は農協法上の制限があることから、この制限の適用除外が行われないと現状では規制がかかるとみられます。）

A-2 デメリット

1．JA から信用事業がなくなり、代理店化した際に従来の信用事業の収益を得られなくなる可能性が高いとみられます。

2．支店の再編成が必要になり、組合員の利便性が大きく低下する可能性があります。

3．本店などの信用事業担当職員の配置転換やリストラが必要になるとみられます。

4．認定農業者や農業法人などの運転資金などの融資の対応が十分にかつ迅速にできなくなる可能性があります。

5．代理店のため扱える商品が定型的なものに限られ、利用者の利便性に十分に応えられなくなる可能性があります。

6．代理店手数料に消費税が発生します。（法律上は、事業譲渡を受けた信連または中金が納税しますが、JA グループ全体として収益が減少することになります。）

7．営農経済事業の運転資金が必要になります。また営農経済事業の黒字化が不可欠になります。

8．営農経済部門など信用事業以外の部門が運転資金などを必要とする場合には、貯金はすでに譲渡されているため、信連あるいは中金からの借入れとなりますが、それに見合う金利（手数料）の支払いが必要になります。また JA が信用事業を譲渡する際に JA の預け金(信連など)と貸出金の合計額が貯金を下回っている、つまり貯金を他部門で運用している場合には、信連などへの支払いが発生することになります。

9．営農経済事業や共済事業の資金の決済や配当金の支払い等で振込手数料、引落手数料、口座振替手数料が発生する可能性が高いとみられます。

10．代理事業と JA 本体の事業にかかる現金、有価証券などの分別管理が必要になるほか、各種のコストがかかるとみられます。

11．営農経済事業と代理事業の間の組合員（顧客）情報の利用に制限がかかるとみられます。

Q26 信用事業譲渡をした JA はありますか

A 下郷農協（大分県）（平成27年３月に譲渡）、東京とうしょ農協（平成28年５月）、岩手中央酪農農協（平成29年１月）の３事例があります。

信用事業の譲渡では、JA が信連または中金の代理店になるパターン１と JA が信用事業を廃止し、信連または中金の支店、出張所がJAに置かれるパターン2、事業譲渡し、信用事業を廃止するパターン3の3つに分かれます。

パターン1は、JA東京とうしょで、本店に東京都信連の八丈島代理店、小笠原島代理店（父島）、小笠原母島店に小笠原島代理店直轄のATMが設置されています。

パターン2は、下郷農協で平成27年3月に大分県信連に事業譲渡し、下郷農協に大分県信連の出張所が開設され、JAは信用事業を一切行っていません。

パターン3は、岩手中央酪農協で、信用事業を岩手県信連に譲渡し、信用事業を廃止しています。

Q27 JAが代理店を選択した場合、公認会計士監査はどうなりますか

A 単位JAが代理店を選択した場合、公認会計士監査の義務づけはなくなります。（ただし、負債200億円以上ある連合会は、公認会計士監査が必要です。）

その場合、公認会計士監査の義務づけはないため、新たな中央会（連合会を予定）の農協監査士による監査か、任意で公認会計士監査を依頼することが考えられます。

Ⅳ 公認会計士監査への移行にかかる動向と課題

Q28 全中監査機構からJAの監査を受監する配慮規定により設立される監査法人はどのようになりますか

A 新農協法では、全中監査機構から会計監査人への移行に際して配慮することが定められています。4者協議（農水省、金融庁、日本公認会計士協会、JA全中）の場が設定されていますが、全中監査機構から移行する監査法人の取扱いの協議が行われているとみられます。

いまのところ、農水省から認められている農業関係施設の減損の取扱いについては、引き続き認められる可能性が高いとみられます。また農協監査士が新たな監査法人で従事することが認められるほか、中央会からの出向が認められる模様です。

なお、一般の監査法人と異なり、監査従事者のうち農協監査士の割合がきわめて高いことについては、当面の措置として認められるものの、長期的には公認会計士に切り替わることが期待されている模様です。

また、全中監査機構から配慮規定により設立される新たな監査法人への引き継ぎが認められる模様で、公認会計士が会計監査人を引き受けるかどうかを判断するための事前レビューや期首の残高確認は不要とされ、会計監査人の選任も平成31年度の通常総会(総代会)で行えることになるとみられます。

Q29 JAの監査を受監する監査法人はどのような組織になりますか

A JAの監査を受託する監査法人の組織は、①社員総会(公認会計士である社員と公認会計士以外の特定社員)、②理事会（理事長、専務、常務)、③従業員（公認会計士、公認会計士以外の者)となります。

農協監査士は、③の従業員のうち公認会計士以外の者として、農協監査士が中央会からの出向または移籍により従事することが想定されている模様です。

JAの監査を受監する監査法人は、農協監査士が監査に従事するものの、基本的には独立した組織で、JA全中が設立するものではありません。

Q30 監査報酬の取扱いはどうなりますか

A これまで全中監査機構では、監査費用は中央会賦課金としてJA・連合会がほぼ半分ずつ負担していました。新たな監査法人では、JAの規模、リスクの度合いなどにより決定されるとみられます。なお、各JAへの監査法人からの監査報酬の見積もりは、平成30年度に提示されるとみられます。

Q31 全中監査機構と新たな監査法人の違いはどのようなものですか

A 主な違いとして以下の点があげられます。

1．設立の差異

全中監査機構は全中の内部組織である一方、監査法人は５名以上の公認会計士が社員となり、個人が出資し設立する組織です。

2．証明・監査責任

全中監査機構では、法人としての全中が監査責任を負い、その代表者である監査委員長が監査報告書に署名します。他方、監査法人は出資したパートナーである公認会計士が監査報告書に署名しますが、他の出資パートナーも連帯して責任を負います。

3．損害賠償義務

懈怠義務に対する損害賠償義務は、全中監査機構では法人であるJA全中が負うのに対し、監査法人では監査法人が弁済できないときは、社員である公認会計士が負います。

4．監査人の選任

現行法では選任手続きは、不要であるのに対して、平成31年度以降は監事が会計監査人の選任候補案を総会に諮ったうえで選任します。

5．監査対象書類および監査範囲

監査法人監査では証明を行う対象は、貸借対照表、損益計算書、剰余金処分案で、全中監査機構監査では、それらに事業報告が追加されています。

全中監査機構監査では、財務諸表監査のほか、業務監査を実施しています。（業務監査では、内部監査人の監査、監事監査の点検を実施しています。）監査法人監査では、事業報告は証明対象から外れ、主として財務諸表監査を実施することとなります。

6．独立性

農協監査士は過去1年以内に役員もしくは職員であった組合または著しい利害関係を有する組合の監査を行うことができません。他方、監査法人監査では、社員または配偶者がクライアントの役員等である場合等には監査を受監できません。監査業務チームの構成員またはその家族がクライアントに直接的な金銭的利害を有してはならないとされています。

Q32 新たな監査法人の規模はどれくらいと想定されますか

A 従業員は600人で、うち公認会計士50人、農協監査士520人、その他職員30人が見込まれている模様です。このうち社員は65人（監査責任者および審査担当者である公認会計士50人、農協監査士15人）と見込まれるようです。

また理事会は代表社員８人（公認会計士６人、農協監査士２人）

と見込まれている模様です。

Q33 公認会計士監査のための会計監査人の選任はどのようになりますか

A 会計監査人は会社法の規定が準用され、会計監査人は公認会計士または監査法人をJAの総代会（総会）の決議により選任することになります。

総代会（総会）に提出する会計監査人の選任などに関する議案の内容は監事が決定します。なお、会計監査人の任期は１年以内で、財務諸表等を報告する通常総代会（総会）を起点とし、その総代会（総会）で別に決議が行われないときは、再任されたものとみなされます。

Q34 公認会計士監査になることで監事の役割はどうなりますか

A 公認会計士監査では、財務諸表（計算書類及びその付属明細書）に限定され、それ以外の事業報告およびその付属明細書は監事監査に委ねられます。

つまり、監事監査の役割がきわめて重くなり、自らの監事監査報告で会計監査人の監査結果を相当と認めるかどうかを表明することになります。会計監査人が、適切な監査を実施しているかどうかの責任を監事が負うことになります。

Q35 公認会計士監査への移行で重要な論点は何ですか

A-1 公認会計士監査では、「会計方針」「内部統制」「決算体制」の３点が不可欠な論点になります。

会計方針では、①棚卸資産の評価方法の見直し（JA で行っている最終仕入れ原価法の変更）、②原価計算の見直し、③会計上の見積もり項目の妥当性の検討（固定資産の減損会計、税効果会計など）などの点検・見直しが必要です。

A-2 内部統制にかかる経営者の責任の明確化と認識の確立、各事業部門を含む JA 全役職員レベルでの認識の確立を求められます。公認会計士監査では、リスクアプローチ監査という手法で行われます。

具体的には、リスクの種類・程度を基準として、①監査の対象範囲や項目、監査の手法を決定します。その際に重要な点は、効率的な監査が実施できることや内部統制が整備され、運用されていることです。

内部統制とは、①業務の有効性・効率性、②財務報告の信頼性、③事業活動にかかわる法令等の遵守、④資産の保全の４つの目的を達成するために業務に組込まれ、組織内のすべての者によって遂行されるプロセスを指しています。

内部統制は経営者の責任で方針の決定・監督を行うことが求められます。この方針をふまえて JA の管理部門が内部統制の指導・運用状況の把握を行います。ついで各事業部門で、内部統制の実行・運用状況の報告を行うことになります。

内部統制は、すでに必要に応じて整備していた内部統制について、３点セットで①業務フロー図、②業務記述書、③リスクコントロールマトリックスなどの文書化を進めることになります。この作業は、膨大な作業になることから、その際に文書化の適用範囲を決定し、公認会計士監査の検証に対応できるようにすることが求められます。

業務プロセスの可視化では､業務にかかる内部統制として、JAの事業目的に係る勘定科目として、「売上」「売掛金」「棚卸資産」の３つの勘定にかかる業務プロセスが、内部統制の評価対象となります。

A－3　決算体制の見直しとして、①会計上の見積もり項目を含む職務分掌の見直し、②複数のチェックが効く決算業務フローの見直し、③適正な期間損益を可能にする決算スケジュールの見直し、④決算担当者の継続的な育成などが必要になるとみられます。

JA公認会計士監査Q&A

2017年4月1日　第1版第1刷発行
2017年6月1日　第1版第3刷発行

編著者　JA監査研究会
発行者　尾中　隆夫

発行所　全国共同出版株式会社
〒160-0011　東京都新宿区若葉1-10-32
電話 03(3359)4811　FAX 03(3358)6174

印刷／新灯印刷(株)
定価は表紙に表示してあります。
Printed in Japan